Ny Aina Nambinintsoanirina RAVOAVY

Cultivo do milho IRAT 200: teste de novos fertilizantes

Ny Aina Nambinintsoanirina RAVOAVY

Cultivo do milho IRAT 200: teste de novos fertilizantes

ScienciaScripts

Imprint
Any brand names and product names mentioned in this book are subject to trademark, brand or patent protection and are trademarks or registered trademarks of their respective holders. The use of brand names, product names, common names, trade names, product descriptions etc. even without a particular marking in this work is in no way to be construed to mean that such names may be regarded as unrestricted in respect of trademark and brand protection legislation and could thus be used by anyone.

Cover image: www.ingimage.com

This book is a translation from the original published under ISBN 978-620-6-71205-3.

Publisher:
Sciencia Scripts
is a trademark of
Dodo Books Indian Ocean Ltd. and OmniScriptum S.R.L publishing group

120 High Road, East Finchley, London, N2 9ED, United Kingdom
Str. Armeneasca 28/1, office 1, Chisinau MD-2012, Republic of Moldova, Europe
Printed at: see last page
ISBN: 978-620-7-61559-9

"Dou-te graças por tantos prodígios; maravilhosas são as tuas obras"

Salmos 139:14

AGRADECIMENTOS

Várias pessoas contribuíram para a produção desta memória. Um agradecimento especial ao Sr. ANDRIAMANIRAKA Jaona Harilala, Doutor em Ciências Agronómicas e Professor de Investigação na ESSA (Ecole Supérieure des Sciences Agronomiques), Chefe do Departamento de Agricultura da ESSA, por nos ter dado a honra de presidir ao júri desta dissertação e por toda a atenção que lhe dedicou.Os nossos agradecimentos vão para a empresa AGRIVET, sem a qual esta tese não teria sido possível, e mais particularmente para o Sr. HERINDRANOVONA Augustin, Diretor de Investigação e Desenvolvimento da AGRIVET, por ter aceitado supervisionar-nos profissionalmente.

O nosso agradecimento ao Sr. RAKOTO Benjamin, professor investigador na ESSA, por nos ter supervisionado ao longo deste trabalho. Por ***todos os*** *conselhos e críticas que nos ajudaram muito a finalizar este manuscrito. Gostaríamos também de agradecer à Sra. RAMANANKAJA Landiarimisa, Doutorada em Agricultura, Professora Investigadora na ESSA, por ter aceitado fazer parte do júri e por ter examinado esta dissertação. Gostaríamos de agradecer à Sra. LALANEKENARISOA Nenée, Chefe de Operações no Centro de Formação e de Aplicação do Maquinismo Agrícola ou CFAMA Antsirabe, pela sua ajuda, conselhos e acolhimento caloroso.*

A todo o pessoal da AGRIVET, A todo o pessoal do CFAMA Antsirabe, À minha família em particular: Dada sy Neny, Malala, Kokoly e Lahatra. Aos meus amigos e colegas da ESSA A todo o pessoal da ESSA, especialmente ao do Departamento de AgriculturaOs nossos agradecimentos vão para todos aqueles que, de perto ou de longe, contribuíram para o êxito deste projeto.

Obrigado a todos

RESUMO

Com as suas várias utilizações, o milho é uma das culturas mais importantes em Madagáscar. No entanto, o rendimento do milho entre os agricultores ainda é baixo. A fertilização desempenha um papel vital no aumento do rendimento das plantas. Assim, a empresa AGRIVET realizou uma experiência de fertilização do milho na região de Vakinankaratra, uma zona de cultivo de milho. O objetivo do estudo era determinar os efeitos de diferentes fertilizações no milho. Foram testadas diferentes combinações e doses de fertilizantes com coberturas no milho IRAT 200, uma variedade já adoptada pelos agricultores. Foram utilizados dois tipos de fertilizantes fosfatados, TSP e calcite. Para o azoto (N), foram aplicadas três doses diferentes: 0Kg/Ha N, 60Kg/Ha N e 120Kg/Ha N. Foram utilizadas três doses de cobertura: 0%, 30% e 60%. Foram testados 18 tratamentos com três repetições. Após estas experiências, três tratamentos (C1 + N1 + P1, C1 + N2 + P1, e C2 + N2 + P1) obtiveram o maior rendimento, variando entre 4T/Ha e 5T/Ha. Os resultados mostraram que o TSP é muito eficaz na obtenção de rendimentos elevados. No entanto, a calcite também é eficaz do ponto de vista agronómico. A calcite compensou a falta de azoto nos tratamentos em que não foi aplicado azoto. Uma dose crescente de azoto na cultura do milho aumenta significativamente o rendimento do milho em grão. Apesar da contribuição de matéria orgânica das culturas de cobertura, estas não afectaram o rendimento.

Palavras chave: AGRIVET, ureia, fósforo, fertilização, cobertura vegetal.

INTRODUÇÃO

Juntamente com o arroz e o trigo, o milho (zea mays) é uma das três gramíneas mais cultivadas no mundo. A produção mundial está estimada em 943 milhões de toneladas para a época 2013-2014, contra 863 milhões de toneladas em 2012/2013 (CIC, 2014 e Limagrain, 2013). Ocupa uma superfície mundial de cerca de 180 milhões de hectares, com uma produção em constante crescimento (agpm.com, 2012). O milho desempenha um papel importante na economia malgaxe. A produção nacional, estimada em 380.848 toneladas na época 2012/2013 (INSTAT e FAO, 2013), numa área total cultivada de 200.000 hectares, contribui significativamente para a satisfação das necessidades alimentares básicas da população, nomeadamente durante a época de escassez (MAEP UPDR - océan consultant, 2004).

As principais zonas de produção são o Lac Alaotra, o Planalto Central, o Centro-Oeste e o Sudoeste, representando mais de 97% do total da produção nacional (INSTAT, 2010). Considerado essencialmente como um alimento de base para a população do Sul, depois do arroz e da mandioca, o milho é também utilizado na alimentação animal (componente alimentar, ração para aves) e na indústria (fabrico de cerveja, produção de sabão, etc.) (CIRAD e GRET, 2006).

Dada a sua importância e as suas diversas utilizações, uma boa produção com um elevado rendimento da cultura do milho é útil não só para a alimentação animal e para a indústria, mas também para a população. Vários factores, como o cumprimento das necessidades hídricas, o tipo de solo, **o** potencial genético, os problemas com pragas (ANDRIAMAMPANDRY., 1990) ... influenciam a produtividade de todas as culturas. A fertilização é um desses factores de rendimento. Uma boa fertilização conduz a uma boa produtividade.

Nesta perspetiva, a AGRIVET, em colaboração com a Agência Internacional da Energia Atómica (AIEA) e o laboratório de radioisótopos (LRI), está a realizar, durante cinco anos, investigações e experiências sobre a fertilização mineral do milho nas regiões produtoras de milho de Madagáscar. As experiências que utilizam diferentes doses e fontes de fertilização fosfatada e azotada estão a ser realizadas na região de Vakinanakaratra, uma das principais zonas produtoras de milho, com o objetivo de descobrir os efeitos da combinação de diferentes fertilizantes no rendimento do milho. Para além disso, queremos saber o efeito da utilização de Calcite, um fósforo natural, um novo produto no mercado. Neste estudo, a variedade que está a ser testada é a IRAT 200. A IRAT 200 é uma das principais variedades adoptadas pelos agricultores em Madagáscar, juntamente com a CIRAD 412, MEVA e 'Mailaka. (INRA, 2011 e FARE Y, 2004)

Daí o título do presente trabalho **"Efeito de diferentes combinações e doses de fertilizantes** na cultura do milho. O caso da variedade IRAT 200 na região de Vakinankaratra".

Assim, a questão que se coloca é a seguinte: **"Qual das várias combinações de fertilizantes para o milho IRAT 200 dá os melhores rendimentos que podem ser distribuídos aos agricultores?**

Foram avançadas várias hipóteses para responder a esta questão:

- **Primeira hipótese**: entre os tratamentos testados, há uma combinação que dá um rendimento muito elevado em comparação com os outros.
- **Segunda hipótese**: a calcite tem um efeito agronómico positivo, ou seja, nas propriedades do solo e no rendimento do milho em grão, em comparação com o superfosfato triplo ou TSP.

Por conseguinte, o presente estudo analisará os efeitos da combinação de diferentes formas e doses.

Está dividido em três secções principais:

- Em primeiro lugar, os materiais e as metodologias utilizadas,
- resultados do controlo
- e, no final, as discussões e recomendações.

I- MATERIAIS E MÉTODOS

1- Sítio de estudo

Para este estudo, a região de Vakinankaratra foi escolhida como local experimental, uma vez que é uma das principais regiões produtoras de milho em Madagáscar. O milho é uma das principais culturas cultivadas em Vakinankaratra, juntamente com o arroz, a mandioca, a batata-doce, o feijão e a batata. É cultivado em quase toda a região. Foi estabelecida uma colaboração com o centro de formação e de aplicação de máquinas agrícolas do CFAMA em Antsirabe para a criação de parcelas experimentais.

Figura 1: Mapa de localização da área de estudo

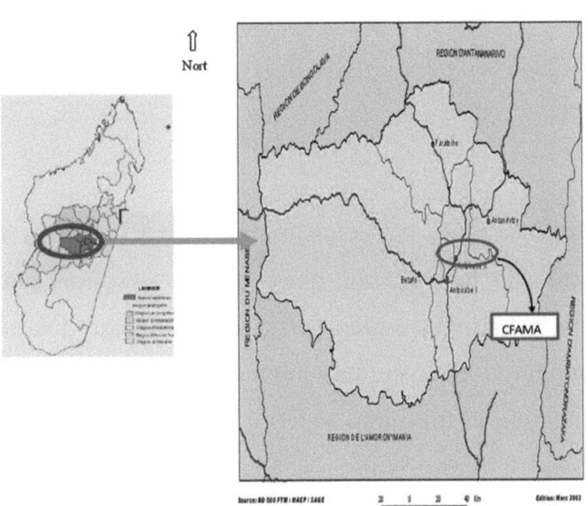

Fonte: UPDR (Unidade de Política de Desenvolvimento Rural) 2003

1-1- Clima da zona de estudo

A região de Antsirabe tem um clima tropical a mais de 900 metros de altitude, com geadas entre junho e agosto. A temperatura média anual é inferior ou igual a 20°C (UPDR, 2003).

Figura 2: Precipitação média mensal em Antsirabe 2009 a 2014

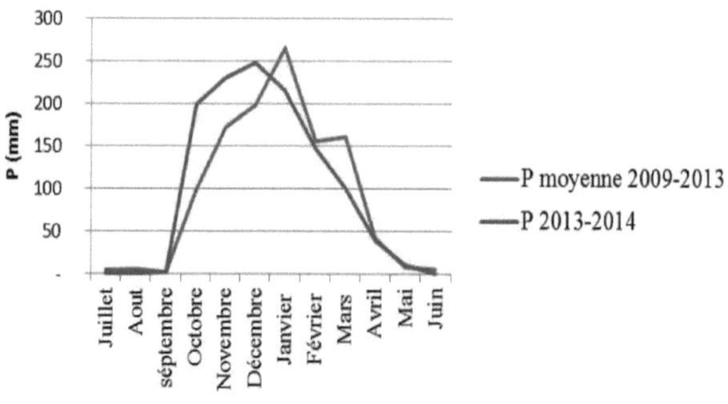

Fonte: autor

De acordo com esta figura, a precipitação da época 2013-2014 apresenta um padrão diferente do dos últimos cinco anos. A precipitação média dos últimos cinco anos atingiu o pico em janeiro, ao passo que na estação de 2013-2014 atingiu o pico em dezembro. Em novembro e dezembro, a precipitação da estação foi muito superior à média dos últimos cinco anos, ultrapassando os 100 mm. As necessidades hídricas do milho durante estes dois meses foram, portanto, satisfeitas, uma vez que o milho necessita de 100 mm/mês de água durante o seu ciclo de cultivo (FARE Y, 2004). A temperatura média da zona de estudo durante os últimos cinco anos e a de 2013-2014 são mais ou menos as mesmas. Entre novembro e fevereiro, a temperatura oscila em torno dos 19 a 20°C. A temperatura de 20°C em novembro é ideal para a germinação das plântulas. O milho necessita de uma temperatura óptima de 19°C durante o seu crescimento (Mémento, 2006), pelo que a temperatura média mensal no CFAMA é favorável ao seu desenvolvimento.

Figura 3: Temperatura média mensal em Antsirabe de 2009 a 2014 1-2 Solo e vegetação

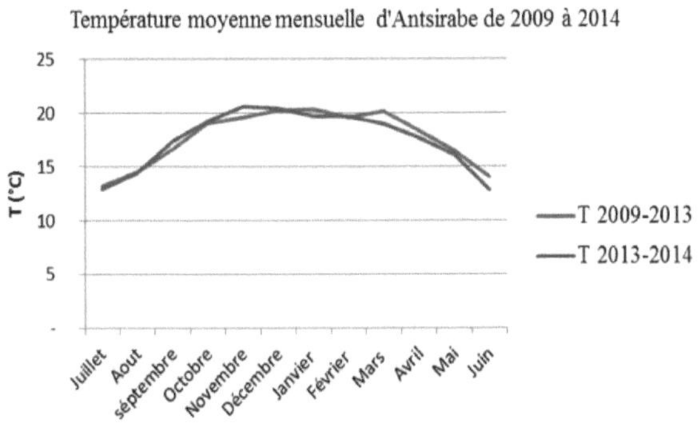

Fonte: autor

A região de Vakinankaratra caracteriza-se pelo predomínio de dois tipos de solos (UPDR, 2003) Os solos ferralíticos cobrem grande parte da região. Podem ser utilizados para o milho, a mandioca, a batata e a arboricultura. Os solos aluviais que constituem as terras baixas são utilizados para o cultivo de culturas fora de época, para além do arroz. A região de Vakinankaratra caracteriza-se por uma pequena área de floresta primária. A degradação é tal que apenas restam alguns vestígios de floresta na região. Nas zonas baixas, existem pântanos de junco e restos de florestas de galeria que estão a desaparecer. (UPDR, 2003).

1-3 Descrição do sítio experimental

O sítio experimental está localizado dentro das áreas de cultivo da CFAMA com uma superfície total de aproximadamente 16,65 ares. No local de estudo do CFAMA, quase toda a terra é plantada com culturas alimentares, tais como diversas variedades de arroz (FOFIFA 154, X134, etc.) e milho da variedade MEVA. Existem também culturas de soja e de legumes. No que diz respeito ao historial das culturas do campo experimental: O CFAMA praticou uma rotação bienal de soja e milho-arroz de sequeiro entre 2008 e 2013.

2008-2009: Soja;

2009-2010: Sementes pré-básicas para arroz de sequeiro com isolamento entre variedades, milho; 2010-2011: Soja;

2011-2012: Sementes pré-básicas para arroz de sequeiro com isolamento entre variedades, milho; 2012-2013: Soja

2- Plantas materiais

O material vegetal é o milho ou zea mays (cf. Apêndice I). A variedade utilizada nesta experiência é a IRAT-200, originária da Costa do Marfim e com um ciclo de cultivo de 105-120 dias.

As sementes são córneas a dentadas e de cor amarelo-alaranjada. A variedade tem folhas ligeiramente curvas, um caule fraco em ziguezague e uma forma de espiga cilíndrico-cónica. A planta tem cerca de 2,20 m a 2,50 m de altura.

Figura 4: Grãos de milho IRAT 200

Está bem adaptada a todas as condições agro-climáticas de Madagáscar, especialmente nas regiões costeiras (exceto na costa leste), com rendimentos entre 5,4 e 6,6 toneladas por hectare (MINAGRI et al, 2010).

Quadro 1: Características do IRAT 200

Variedades	Tipos	Tipo de grão	Ciclo	Cor
IRAT 200	Compósito	Denteado	105 a 120 dias	Amarelo alaranjado

Fonte: MINAGRI et al, 2010

3- Os sistemas estudados

Durante a experiência, os parâmetros a ter em conta na montagem experimental foram os seguintes

- Cobertura de resíduos de culturas: cobertura zero (C0), 30% (C1) e 60% (C2).

A cobertura utilizada foi a matéria seca de milho. A taxa de cobertura aplicada foi de 2,5 toneladas/Ha, uma vez que uma cultura de milho produz cerca de 2-3T/Ha de matéria seca (RASOAMAHARO, 2008).

- Dose de azoto: com entrada zero (N0), uma entrada de 60KG/Ha (N1) e uma entrada de 120KG/Ha (N2). O azoto foi fornecido sob a forma de ureia.

- Entrada de fósforo: utilização de TSP (P1) ou utilização de fosfato que é calcite ("P2).

A experiência incluía, portanto, 18 sistemas a estudar.

Vejamos a composição química da calcite e do TSP :

• Composição da calcite :

$P\ O_{25}$ > 20 % CaO= 40 %

N total > 0,02

$K\ O_2$ = 0, 3 %

SiO_2 = 0,5

MgO= 0, 3 %

Húmus > 1

A calcite contém 20% de fósforo e uma grande quantidade de CaO de cerca de 40%.

- Composição do TSP :

Fonte: Câmara da Agricultura da Nova Caledónia, 2000

Nom anglais **Autre nom français**	Triple Superphosphate (TSP) Phosphate monocalcique (composant essentiel)			
Provenance	Sico (Belgique) et Bush Int. (NZ).			
Formule chimique	$Ca(H_2PO_4)_2$, H_2O			
Analyse	**N**	**P_2O_5 (P)**	**K_2O**	**CaO**
	0	**46 %** (20 %) (91% soluble dans l' eau)	**0**	**15 %**
	Autres : S : 1,3 %			
Solubilité	Assez soluble dans l' eau (18 g/L).			
Humidité	6,20 % max.			
Granulométrie	< 2 mm : 1 % 2-4 mm : 85 % > 4 mm : 14 %			
Densité	0,85-0,95 t/m^3			
Hygroscopicité	Très faible (au delà de 95 % d' humidité relative à 30 °C).			
Stockage / précautions	Garder le sac fermé avant utilisation. Stocker en dehors de l' action directe du soleil. Se laver les mains après utilisation.			
Compatibilité	Mélange toujours possible : - ammonitrate, nitrate de potassium, sulfate de potassium, 0-32-16, 13-13-21, 16-4-8, fumier, engrais organiques. Mélange possible au moment de l' emploi : - urée, MKP, 17-17-17, gypse. Ne jamais mélanger avant emploi : - nitrate de calcium, hyperphosphate, chaux.			
Effet sur le pH	Peu d' effet sur le pH du sol.			

O TSP contém cerca de 46% de fósforo e 15% de CaO.

4- Experimental

A instalação experimental consiste em 54 parcelas elementares com 5 m de comprimento e 4 m de largura, divididas em 3 blocos. Cada parcela é separada por um corredor de 1 m de largura e um corredor de 2 m entre os blocos. O sistema é um bloco de Fischer com 3 réplicas.

Figura 5: A montagem experimental

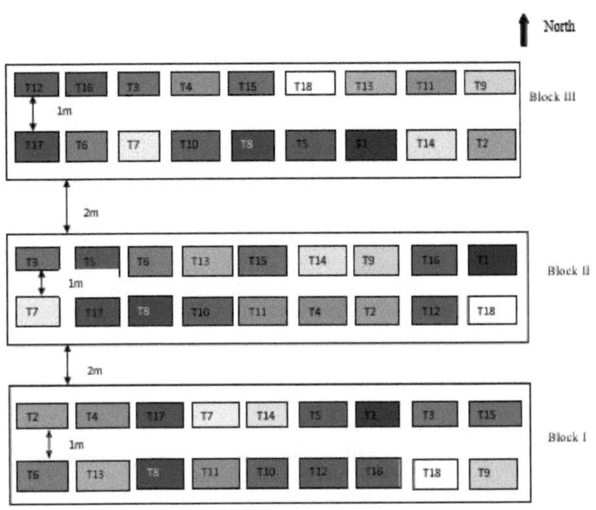

Fonte: autor

T1: C0 + N0 + P1

T2 : C0 + N0 + P2

T3 : C0 + N1+ P1

T4 : C0 + N1+ P2

T5 : C0 + N2+ P1

T6 : C0 + N2+ P2

T7 : C1 + N0 + P1

T8 : C1 + N0+ P2

T9 : C1+ N1+ P1

T10 : C1+ N1+ P2

T11 : C1+ N2+ P1

T12 : C1+ N2+ P2

T13 : C2 + N0+ P1

T14 : C2 + N0+ P2

T15 : C2 + N1+ P1

T16 : C2 + N1+ P2

T17 : C2 + N2+ P1

T18 : C2 + N2+ P2

Com :

C0: cobertura nula C1: cobertura de 30% C2: cobertura de 60%

N0: sem azoto N1: com 60Kg/Ha de azoto N2: com 120Kg/Ha

P1: TSP

P2: calcite

Nota: O tratamento T18 foi eliminado devido à baixa taxa de emergência de plântulas nas parcelas elementares. Para os resultados, portanto, tratámos 17 tratamentos.

5- O comportamento da experimentação

5- 1 Preparação do solo e estabelecimento das parcelas de base :

Lavoura: a lavoura foi efectuada com um motocultivador para todas as parcelas, seguida de uma pulverização e de uma lavoura manual. Lavrámos 3 dias antes da sementeira, ou seja, a 27 de novembro de 2013, a uma profundidade de 30 cm. Em seguida, retirámos os resíduos vegetais das parcelas. Um dia antes da sementeira, amassámos manualmente os torrões.Plotagem: para a plotagem, procedemos ao piqueteamento bloco a bloco e, em seguida, parcelas elementares. por parcela individual, utilizando estacas.

5- 2 Sementeira e aplicação de fertilizantes

A sementeira foi efectuada a 30 de novembro de 2013, depois de as parcelas elementares terem sido colocadas a uma profundidade de cerca de 4-5 cm. Com uma densidade de 40.000 plantas/Ha, ou seja, um espaçamento de 50cm *40 cm, a sementeira foi efectuada manualmente com uma semente por estaca. A densidade adoptada foi baseada nas dimensões das parcelas elementares (5m * 4m), sendo os fertilizantes aplicados ao mesmo tempo que a sementeira. Os adubos foram aplicados manualmente nas linhas de sementeira e em cada parcela. O sulfato de potássio foi aplicado a uma taxa de 10Kg/Ha K para todas as parcelas. Para o fósforo a 20Kg/Ha de P, aplicámos TSP a uma dose de 100Kg/Ha em 27 parcelas elementares e 232kg/Ha de calcite nas outras 27 parcelas. A aplicação de azoto foi dividida em dois, sendo 1/3 aplicado na sementeira. Das 54 parcelas elementares dos três blocos, 18 parcelas receberam 130kg/Ha de ureia, 18 parcelas receberam 260kg/Ha e as restantes 18 parcelas não receberam azoto.

5- 3 Entrevistas :

Foram efectuadas duas mondas durante o ciclo da planta, a primeira em D_{17} após a sementeira e a segunda em D_{49} após a sementeira. Em D_{30} foi aplicado 2/3 do azoto. Em D_{17} após a sementeira, foi efectuado um tratamento inseticida com pirubeano líquido, da família dos organofosforados, na dose de 2,5l/Ha diluído em 300l/Ha de água. Em D_{44} , a agrimetrina, um inseticida foliar, foi utilizada na dose de 250ml/Ha para tratar os insectos foliares. Para combater a lagarta da espiga do milho, utilizar gazidim na dose de 1l/Ha diluído em 250l/Ha de água em D_{57} .

5- 4 Observação do estado fenológico :

Após a plantação. As observações climáticas foram efectuadas através de um registo diário de precipitação e de observações fenológicas (1,2 m x 2 linhas no centro da parcela):

- o Taxa de elevação ;
- o Época de floração ;
- o Tempo para a rubrica ;
- o Tempo de maturação ; 5- 5 Colheita :

A colheita teve lugar em 1er de maio de 2014, D_{151} e foi efectuada manualmente com mão de obra. A colheita foi efectuada por parcela elementar por parcela elementar começando pelo bloco I, depois o bloco II e o bloco III.

5- 6 Operações pós-colheita :

Após a colheita, iniciaram-se as operações de pesagem, secagem e contagem. As espigas das 8 vinhas centrais foram secas durante três dias antes de serem pesadas. Após a pesagem, as espigas foram descascadas, contaram-se 100 grãos e determinou-se o número médio de grãos por espiga. Foram efectuados testes de humidade numa amostra de 100 grãos de milho para cada tratamento nos três blocos.

5 -7 Calendário de actividades

As actividades realizadas durante a experiência são resumidas na presente secção:

Figura 6: Cronograma de actividades

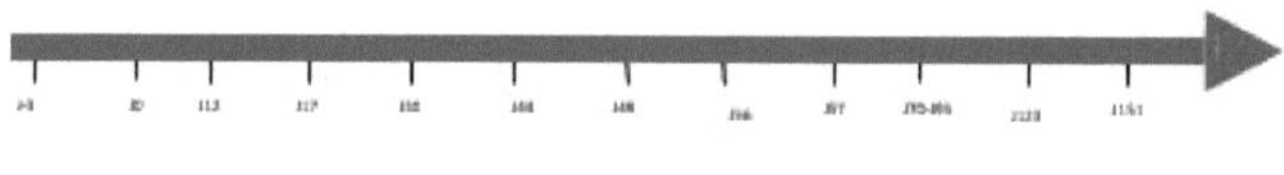

Fonte: autor

Com : D_{-3} : lavoura D_0 : dia da sementeira

D_{12} : observação da taxa de emergência

D_{17} : primeira monda e tratamento fitossanitário (pyruban) D_{30} : aplicação de 2/3 de ureia e medição da altura

J_{44} : tratamento fitossanitário (agrimetrina) $J_{56:}$ medição da altura

D_{57} : tratamento fitossanitário (gazidim)

D -D_{7093} : observação das épocas de floração e de queda

J_{123} : medição da altura e corte dos caules J_{151} : colheita

6- Parâmetros medidos e observados

- Taxa de emergência: a taxa de emergência foi medida em D_{13} após a sementeira. Para o efeito, contou-se o número de plântulas que emergiram em cada parcela.

- Altura: foram efectuadas três medições de altura nos 8 pés centrais em D_{30}, D_{56} e no dia anterior ao corte dos caules em D_{123}.
- Floração, vingamento e maturação: para estes parâmetros, observámos a data de aparecimento das flores masculinas e femininas e das plantas adultas.
- Precipitação: utilização de dados meteorológicos (estação de Ampandrianomby)

- Rendimento e componentes do rendimento: para avaliar o rendimento, utilizámos este esquema para calcular o rendimento do milho:

Figura 7: Cálculo do rendimento do milho

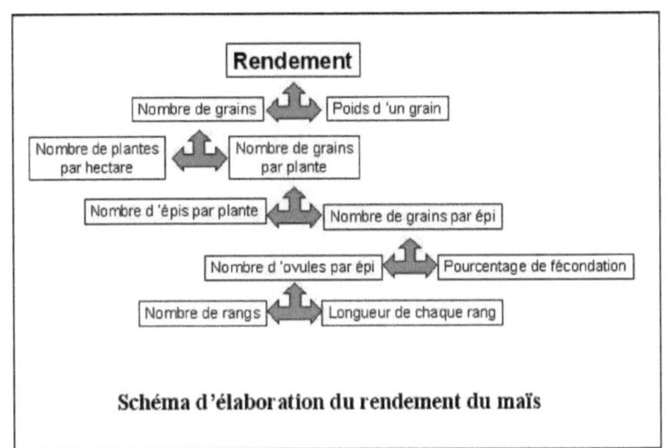

Fonte: CIRAD e GRET, 2006

De acordo com este diagrama de desenvolvimento do rendimento do milho, o rendimento é avaliado pela seguinte fórmula :

RDT (T/Ha)= peso de um grão x número de plantas/Ha x número de espigas/planta x número de espigas/planta x número de espigas/planta de grãos/espigas

Com RDT: rendimento

Durante a pesagem, foram pesados 100 grãos de cada tratamento na três blocos. O peso de um grão foi obtido a partir do peso de 100 grãos.

O número de espigas por planta foi obtido através da contagem das espigas das 8 plantas aquando da colheita. para cada uma das parcelas. O número de grãos por espiga foi avaliado através do peso total dos grãos (pesados após a colheita).

7- Processamento de dados

Os dados obtidos foram processados utilizando o método estatístico experimental com o software XL STAT 2008. Para os tratamentos foi utilizada a análise de variância (ANOVA) com interação de nível 4 e o coeficiente de determinação R^2 para analisar a influência dos tratamentos nos parâmetros medidos. A regressão linear foi utilizada para determinar a influência dos componentes de rendimento no rendimento. As comparações de médias entre blocos e tratamentos e entre tratamentos e parâmetros medidos foram efectuadas através de comparações de pares de Fischer ao nível de significância de 0,05.

II- RESULTADOS

1- Desempenho

1- 1 Influência dos componentes do rendimento no rendimento: modelação do rendimento em função dos seus componentes

Quadro 2: Matriz de correlação entre o rendimento e os seus componentes

Variáveis	nº de grãos por espigas de milho	número de orelhas	peso 1000 grãos	Rdt
Número de grãos por espiga	1	-0,074	0,425	0,781
número de orelhas	-0,074	1	0,018	0,362
peso 1000 grãos	0,425	0,018	1	0,747
Rdt	0,781	0,362	0,747	1

Fonte: autor

Quadro 3: Coeficientes de determinação R^2 entre o rendimento e os seus componentes

Variáveis	nº de grãos por espigas de milho	número de orelhas	peso 1000 grãos	Rdt
número de grãos por espiga	1	0,006	0,181	0,610
número de orelhas	0,006	1	0,000	0,131
peso 1000 grãos	0,181	0,000	1	0,558
Rdt	0,610	0,131	0,558	1

Fonte: autor

Entre os componentes do rendimento, o peso de 1000 grãos e o número de grãos por espiga são as variáveis mais reveladoras. O R^2 entre o rendimento e o número de grãos por espiga é igual a 0,61, o que significa que 61% da variabilidade do rendimento é definida pelo número de grãos por espiga.

1- 2 efeitos dos tratamentos nos componentes do rendimento

• Número de grãos por espiga

Figura 8: Número de grãos por espiga para cada tratamento

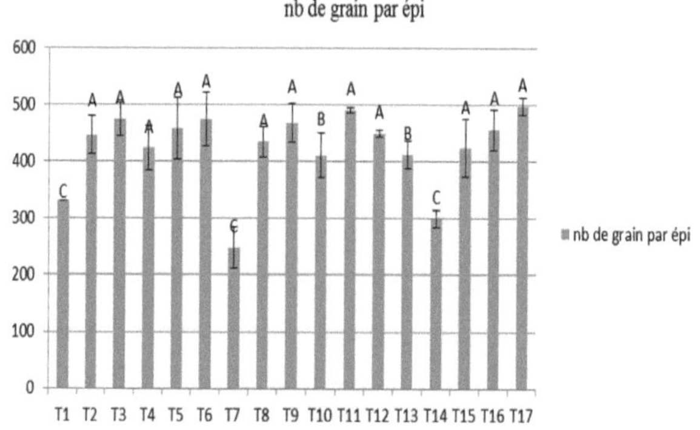

Fonte: autor

De acordo com o quadro de variância do ISS, o fator estudado (combinação de fertilizantes e cobertura) tem um efeito significativo sobre o número de grãos por espiga porque a probabilidade Pr > F (0,0001) é muito inferior a 0,05. De acordo com o coeficiente de determinação R^2 = 0,74, 74% da variabilidade do número de espigas é explicada pelo tratamento. Em geral, o número de grãos por espiga varia de 248 a 491, sendo o tratamento T7 o que apresenta o menor número de grãos por espiga e o tratamento T11 o maior. A partir da figura, podemos classificar os tratamentos em três grupos, de acordo com o número de grãos por espiga: Grupo A: constituído pelos tratamentos que dão o maior número de grãos por espiga, variando entre 424 e 491: T11, T17, T6, T3, T9, T5, T12, T16, T2, T8, T15 e T4.

- Grupo B: 332 a 412 sementes por espiga com: T13 e T10.

- Grupo C: com o menor número de grãos por espiga entre 248 e 300 com T1, T14 e T7.

- Número de espigas por planta

Figura 9: Número total de espigas para cada tratamento

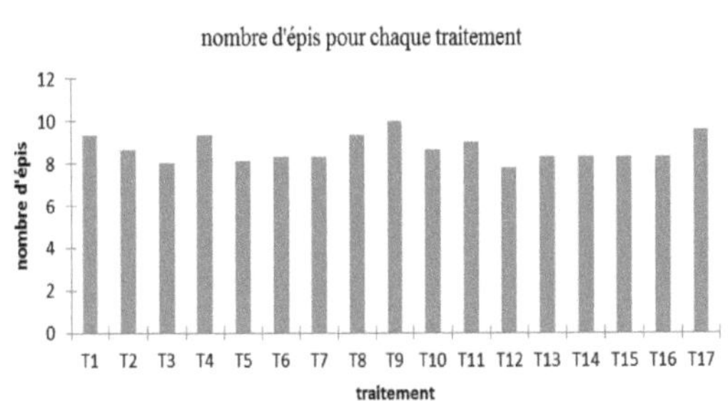

Fonte: autor

Nestes valores para os tratamentos, o número de espigas varia de 8 a 10 para as 8 plantas centrais, pelo que o número de espigas por planta é de 1 a 1,2 em média, porque há plantas que produzem 2 a 3 espigas. As parcelas com o tratamento T9 apresentaram o maior número de espigas, cerca de 10. De acordo com a análise de variância do ISS, a probabilidade Pr > F (0,65) é superior a 0,05. Isto significa que o tratamento não teve efeito sobre o número de espigas por planta nem sobre o número de espigas das 8 plantas centrais. Por conseguinte, não existe um grupo específico para cada um dos tratamentos.

- Peso de 1000 grãos e de um grão

No gráfico abaixo, o peso de 1000 grãos de milho IRAT 200 varia de 180 g a 22 0g em média e o peso médio de um grão varia de 0,18 g a 0,22 g. O peso de 1000 grãos e de um grão para os tratamentos T13 e T9 é o mais elevado e o de T1, T12 e T14 é o mais baixo. Não há uma divisão distinta dos tratamentos de acordo com o peso de 100 grãos e de um grão porque a diferença entre os valores de peso não é significativa. De facto, a combinação de formas e doses de adubo e de cobertura não teve influência no peso de 1000 grãos da planta com uma probabilidade Pr > F (0,7) superior a 0,05.

Figura 10: Peso de 1000 grãos em gramas para cada tratamento 1- 3 Rendimento do milho em grão

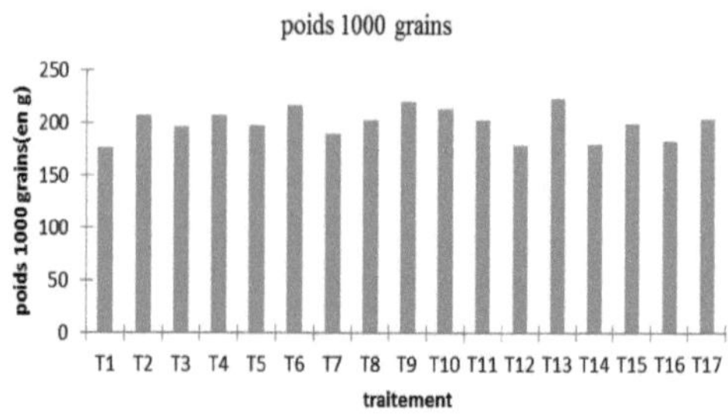

Fonte: autor

De acordo com a tabela ANOVA (ver Anexo II), a interação entre o rendimento e os tratamentos teve um efeito global significativo, uma vez que Pr > F 0,016 é inferior a 0,05 (nível de significância). Para o coeficiente de determinação R^2 , no modelo estudado R^2 =0,59 dos resultados são explicados pelo fator estudado e pelo fator bloco. A interação entre o rendimento e o fator estudado teve um efeito significativo, pelo que se procedeu ao teste de comparação de médias com base nesta interação.

Figura 11: Rendimento do milho em grão para cada tratamento

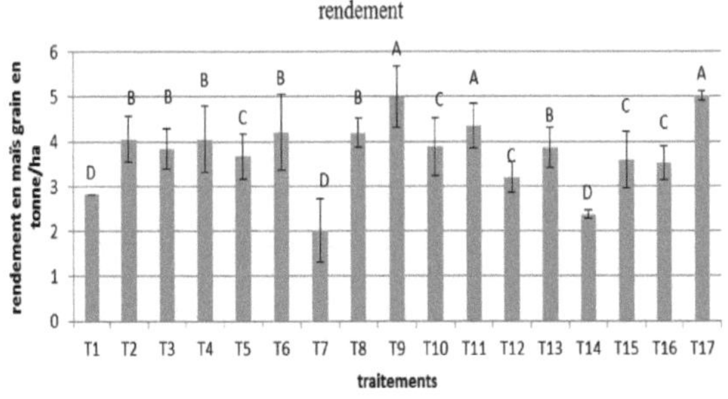

Fonte: autor

Os rendimentos de todas as parcelas dos três blocos variaram geralmente entre 2 e 5 T/Ha. Com base nos rendimentos obtidos, podemos classificar quatro grupos distintos:

- Grupo A: representa os tratamentos com os rendimentos mais elevados entre 4,3T e 4,9 T/Ha. Este grupo é constituído por : T11, T17 e T9.
- Grupo B: T2, T4, T6, T8, T3 e T13 com rendimentos entre 3,7T e 4,2T/Ha.
- Grupo C: com um rendimento de 3,2 a 3,7T/Ha com: T5, T15, T16, T12 e T10.
- Grupo D: rendimento inferior a 3T/Ha: T7, T14 e T1.

2- Estado fenológico

2-1 Taxa de emergência

De acordo com a tabela ANOVA da taxa de elevação nos tratamentos :

- O coeficiente de determinação R^2 =81% significa que a taxa de emergência depende do fator estudado, que é a combinação de formas e doses de fertilizante e cobertura na cultura do milho IRAT 200. A relação entre as duas variáveis é forte, com 81% da variação do índice de emergência em função dos tratamentos.

- De acordo com a análise de variância e a análise padrão do ISS, a probabilidade obtida Pr > F (cf. anexo I) é < 0,0001, ou seja, inferior ao limiar de significância de 0,05. Globalmente, o fator estudado tem um efeito significativo na taxa de elevação. Isto explica a divisão em três grupos de tratamentos em função da sua taxa de emergência. De acordo com a ANOVA das médias estimadas (ver anexo II), os tratamentos podem ser divididos em três grupos:

- Grupo A: com a taxa de elevação mais elevada, superior a 65%, este grupo inclui: T1, T2, T7, T8, T13 e T14.
- Grupo B: T15, T16, T3 e T9 com taxas de elevação de 50 a 65%.
- Grupo C: T6, T5, T11, T10, T12, T4 e T17 com as taxas de elevação mais baixas, entre 35% e 50%.

Figura 12: Taxa de emergência para cada tratamento

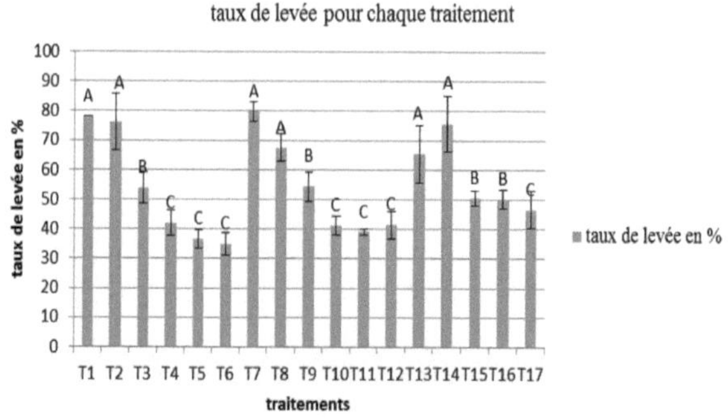

Fonte: autor

Duas a três semanas após a sementeira, a taxa média de emergência foi de 55%. O gráfico acima mostra a taxa de emergência das plantas de milho para cada combinação de fertilizante e cobertura.

2-2 Observação do período de floração

A floração ou o aparecimento da inflorescência masculina começou a 14 de fevereiro, ou seja, D_{76} após a sementeira, ou seja, 11 semanas após a sementeira. A 15 de fevereiro ou D_{77} das 8 plantas centrais das parcelas, algumas tinham florescido a meio (4 plantas), outras 25% (2 plantas) e outras ainda não tinham florescido. Entre D_{76} e D_{86} 24 de fevereiro, todas as plantas centrais das parcelas tinham florescido.

2-3 Observação do cabeçalho

O aparecimento da inflorescência feminina nas parcelas começou cerca de uma semana depois do aparecimento das inflorescências masculinas, por volta do D93 após a sementeira.

2-4 Observação da maturação

A maturação das plantas começou em D_{115} , ou seja, 115 dias após a sementeira. Verificámos que foram as parcelas com o tratamento N0 que estavam maduras em D_{115} . Em D_{121} , todas as parcelas com N0 estavam maduras. As outras parcelas amadureceram entre D_{121} e D_{128} e os caules foram cortados. Note-se que as parcelas N2 amadureceram mais tarde do que as parcelas N0.

3- Altura

Foram efectuadas três medições da altura da cultura durante o ciclo vegetativo. A primeira foi efectuada por volta de D_{30} , a segunda por volta de D_{56} e a última em D_{123} após a sementeira.

Figura 13: Alturas do IRAT 200

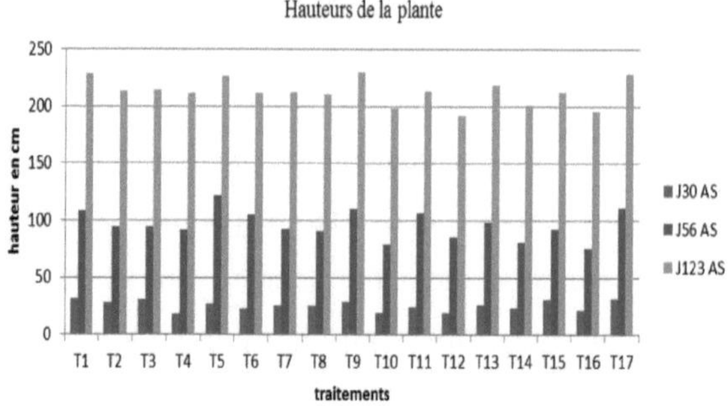

Fonte: autor

De acordo com esta figura, a altura variou de 18 cm a 31 cm um mês após a sementeira. Cerca de dois meses após a sementeira, a altura variava entre 73 cm e 110 cm. Antes do corte dos caules, ou seja, cerca de D123 após a sementeira, a altura variou de 193 cm a 228 cm. Relativamente à altura final antes da colheita do milho, os tratamentos T9 e T17 têm uma altura muito elevada em comparação com outros tratamentos, como T12 e T16, como mostra a figura abaixo.

Figura 14: Gráfico das alturas médias de cada tratamento antes da colheita (H3)

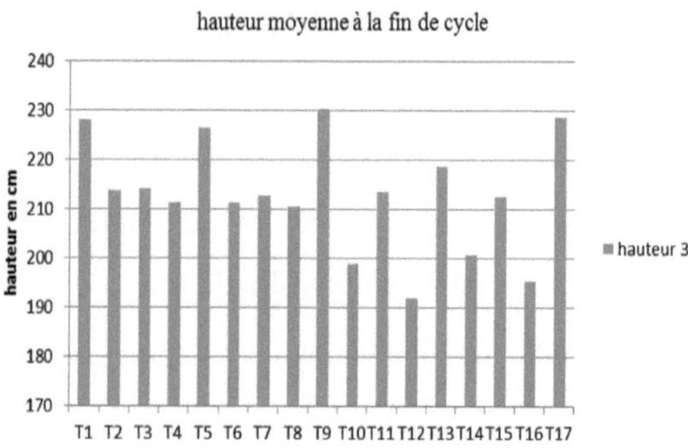

Fonte: autor

Quadro 4: Matriz de correlação entre a produção e a altura final das plantas

Variáveis	Rdt	altura 3
Rdt	1	0,382
altura 3	0,382	1
	Fonte: autor	

O coeficiente de determinação (R^2) para o rendimento e a altura foi de 0,146. Apenas 14,6% da variabilidade da produção foi explicada pela altura da planta.

Altura e tratamento

Altura 1: J_{30} AS: R^2 =0,46 46% da variabilidade da altura do milho 30 dias após a sementeira é explicada pelos tratamentos. Em geral, a interação entre os factores não teve um efeito significativo porque Pr > F (0,945) é muito superior a 0,05. Mas o fator fósforo teve um efeito significativo. No entanto, o fator fósforo teve um efeito significativo, pelo que procedemos a uma comparação par a par entre P1 e P2.

Quadro 5: Estimativa das alturas médias J_{30} AS utilizando P1 e P2

Modality	Estimated mean	Groups P1	28,409
	A		
P2	22,847	B	

Fonte: autor

Verificou-se uma diferença significativa entre as duas médias. A altura obtida por P1 é de 28,4 cm e por P2 de 22,8 cm.

Altura 2 dias$_{56}$ AS: R2=0,67: 67% da variabilidade da altura do milho 56 dias após a sementeira é explicada pelos tratamentos.

Globalmente, a interação entre a altura 2 (altura da planta no D56 após a sementeira) e os tratamentos não teve efeito significativo porque Pr > F (0,237) é muito superior a 0,05. No entanto, os factores fósforo e azoto tiveram um efeito significativo, pelo que procedemos a uma comparação paritária entre P1 e P2.

Quadro 6: Estimativa das alturas médias J_{56} AS utilizando N0, N1 e N2

Modalidade	Média estimada		Grupos	
N2	106,485	A		
N1	94,083			B
N0	90,444			B

Fonte: autor

A média estimada para N2 é de 106,5 cm, para N1 94 cm e para N0 90 cm. Não se registou uma diferença significativa entre as médias estimadas para N0 e N1. No entanto, estas médias obtidas com N0 e N1 são diferentes das de N2.

Quadro 7: Estimativa das alturas médias J_{56} AS utilizando P1 e P2

Modalidade	Média estimado		Grupos
P1	103,713	A	
P2	90,296		B

Fonte: autor

A altura média estimada das plantas foi de 103,71 cm para P1 e 90,3 cm para P2. As duas médias são significativamente diferentes.

Altura 3: altura final R^2 =0,65

65% da variabilidade da altura do milho no final do ciclo é explicada pelos tratamentos. No geral, a interação entre os factores não teve um efeito significativo, uma vez que Pr > F (0,188) está acima do nível de significância de 0,05. No entanto, o fator fósforo teve um efeito significativo, pelo que se procedeu à comparação par a par entre P1 e P2.

Quadro 8: Estimativa das alturas médias J_{123} AS utilizando P1 e P2

Modalidade	Média estimada	Grupos
P1 P2	220, 299A 206,940	 B
	Fonte: autor	

A comparação par a par entre P1 e P2 mostrou que a média estimada utilizando P1 é superior à que utiliza P2.

III-DISCUSSÕES

1- Efeito do fator estudado no rendimento do milho em grão

Globalmente, o fator estudado, que é a combinação de diferentes formas e doses de fertilizantes, influencia o rendimento. Tendo em conta a diferença de rendimento obtida pela utilização das diferentes combinações, os tratamentos foram classificados em quatro grupos.

O grupo A teve rendimentos muito elevados em comparação com os três grupos (B, C e D). No que respeita aos tratamentos de alto rendimento do grupo A, T9 (C1N1P1), T11 (C1N2P1) e T17 (C2N1P1), as condições para uma boa produção destes tratamentos estavam reunidas.

A utilização do azoto é o fator essencial para obter rendimentos elevados. A suplementação mineral fosfatada com TSP, muito útil porque entra subitamente na reserva alimentar do soloe disponível diretamente para a planta (RANDRIAMANANANDRO A, 2010). Presença de cobertura vegetal, uma fonte de matéria orgânica. Mesmo que a interação entre a cobertura e o rendimento não tenha tido um efeito significativo, a utilização da cobertura contribui para aumentar o fornecimento de nutrientes ao milho e é interessante para salvaguardar o futuro do solo, dado que se sabe que o milho empobrece o solo (GROS A, 1962).O azoto é um fator essencial para o crescimento e o rendimento (FAO, 1980). Tem um efeito de choque sobre a vegetação. Uma planta bem abastecida de azoto cresce rapidamente e adquire uma bela cor verde escura devido à abundância de clorofila. Uma vez que a fotossíntese se efectua nas partes verdes, que estão cheias de clorofila, podemos dizer que é nestas partes que se obtém o rendimento. Além disso, a clorofila que está na base do funcionamento fundamental da fotossíntese é um material azotado. O azoto é, portanto, o fator determinante do rendimento e o pivot da fertilização (GROS A., 1962), o que explica que as parcelas tratadas sem azoto (T1, T14 e T7) tenham um rendimento baixo em comparação com as parcelas tratadas com azoto (T9, T17, T11). O azoto é o elemento chave na cultura do milho; é necessário para o bom desenvolvimento das plantas e permite a formação normal de espigas (FARE.Y, 2004), bem como um aumento do número de grãos por espiga (ANDRIAMAMPANDRY., 1990). Durante as observações de campo, notámos sinais de deficiência de azoto em algumas parcelas dos três blocos, no sentido do aparecimento de inflorescências masculinas. As parcelas deficientes no bloco I são as parcelas tratadas com: T13, T7 e T1. No bloco II: T1, T13 e T8. No bloco III: T1 e T2. A descoloração verde-amarelada das folhas começa_ em direção às folhas mais velhas. A descoloração das folhas dá-se nos bordos e ao longo das nervuras.

De acordo com vários autores, a carência de azoto produz um amarelecimento caraterístico em forma de V nas folhas do milho e uma descoloração verde-pálida ou amarela mais geral, que é menos pronunciada à medida que o azoto é translocado para as partes da planta que crescem mais rapidamente, sendo as folhas inferiores as primeiras a ficar deficientes. A deficiência de azoto no milho resulta na ausência de uma espiga no caule, ou o caule apresenta uma espiga sem grão. O peso da espiga é baixo, o que leva a uma redução do peso total dos grãos, que desempenha um papel na avaliação do rendimento (ANDRIAMAMPANDRY., 1990). O milho responde bem ao azoto, e a deficiência de azoto é a segunda limitação mais importante na produção de milho tropical depois da seca (FAO, 2002). O azoto é um fator importante na fertilização do milho. A falta de azoto pode levar a uma diminuição do rendimento (Thibaudeau S, 2006). Isto confirma a eficácia da calcite, como vimos acima: mesmo sem azoto, a produção continua a ser boa.Para os grupos D, que deram os rendimentos mais baixos: A aplicação deT1, T14 e T7 deu o rendimento mais baixo (menos de 3T/Ha) para todo o estudo durante a experiência. Embora as mantas utilizadas nestes três tratamentos fossem de doses diferentes, este facto não teve qualquer efeito no rendimento. No entanto, em termos do tipo de fertilizante fosfatado utilizado, dois dos três tratamentos foram tratados com TSP.O fosfato mineral por si só não é suficiente para obter bons rendimentos, mesmo em doses elevadas para garantir a nutrição do milho (RASOAMAHARO, 2008). O TSP não contém outros nutrientes para além do fósforo e do Ca0 (em pequenas quantidades em comparação com o Ca0 contido na calcite). Os fertilizantes fosfatados combinados com aditivos organo-minerais ou azoto devem ser adicionados ao solo para melhorar a produção. Para o T14, o rendimento do milho em grão foi bom, mas devido ao ataque de lagarta da espiga do milho e de lagarta cortadeira na parcela tratada no bloco I, o rendimento foi baixo. O peso total do grão para o T14 no bloco I foi de apenas 226g, mas o peso total do grão é utilizado para determinar o número médio de grãos por espiga, e é a partir deste número de grãos por espiga que avaliamos o rendimento, e o rendimento do T14 foi de apenas 1,45T/Ha. No entanto, nos outros dois blocos, Bloco II e Bloco III, o rendimento obtido pelo T14 é bastante bom em comparação com todos os tratamentos, com 3,2T/Ha e 2,7T/Ha, respetivamente. Os problemas de pragas têm um impacto negativo no rendimento (ANDRIAMAMPANDRY., 2010).

A primeira hipótese, que estipula que entre os tratamentos testados há uma combinação que dá um retorno muito elevado em comparação com os outros, **é verificada**.

Nas parcelas tratadas sem azoto mas combinadas com calcite (T2, T8), os rendimentos foram bons, ao contrário do que se verificou com a utilização de TSP. Isto pode ser explicado pelo facto de a calcite conter fósforo, húmus e azoto (ver Apêndice II).

A comparação entre T1 e T2 permite-nos determinar os efeitos da calcite e do TSP durante a experiência. Com T1 (C0N0P1), obtivemos um rendimento inferior a 3T/Ha, enquanto que com T2 (C0N0P2) o rendimento foi de 4T/Ha. A calcite teve um efeito positivo no aumento do rendimento do milho em grão. A calcite é um fosfato natural na forma tricálcica derivado de rocha apatite micronizada e terra preta vulcânica rica em húmus e microelementos (PROCHIMAD). O húmus é uma fonte e uma reserva de nutrientes para as plantas (CIRAD e GRET, 2006). Sob a ação dos micróbios do solo, o húmus mineraliza-se progressivamente, libertando não só o azoto nítrico, mas também todos os elementos fertilizantes e oligoelementos que estavam integrados na matéria orgânica (GROS A, 1962). Para além do húmus e do azoto, a calcite contém também 40% de cal (Ca0), que é um aditivo calcário. Os correctivos de solos são produtos que melhoram as propriedades físicas, biológicas e químicas globais do solo. O Ca0 é também um alimento vegetal que favorece o crescimento, confere resistência aos tecidos vegetais e influencia a formação e a maturação das sementes (GROS A., 1962).

A utilização de calcite permitiu, assim, compensar a falta de azoto nas parcelas. Contribui para melhorar as propriedades físicas, químicas e biológicas do solo. Os resultados da experiência mostram que o TSP é muito interessante se for combinado com o azoto numa dose entre 60Kg/Ha e 120Kg/Ha, a experiência sobre o TSP e a ureia. por RASOAMAHARO (2008) confirma este resultado. O fosfato hiperfosfatado triturado (calcite) é o mais interessante, mesmo que não seja combinado com adubos azotados. No entanto, o estudo no seu conjunto mostra que os rendimentos mais elevados foram obtidos com o TSP.

A **segunda hipótese**, de que a calcite tem um efeito positivo no rendimento e nas propriedades do solo em comparação com o TSP, foi **parcialmente verificada.**

O tratamento C N P_{222} foi eliminado, logicamente, os tratamentos T10 (C N P_{112}) e T12 (C N P_{122}) deveriam fazer parte do grupo A, tendo dado um rendimento elevado, mas não fazem parte dele, no entanto, as condições para ter uma boa produção foram satisfeitas para estes dois tratamentos. Isto pode ser explicado pelo facto de estes dois tratamentos com o tratamento T14 no bloco I estarem situados lado a lado e de ter havido um ataque de lagarta da espiga e de lagarta do corte. Uma parte do bloco I é marcada pela presença destes insectos, apesar dos tratamentos insecticidas efectuados em todo o campo experimental.

Helicoverpa zea é uma espécie de inseto lepidóptero da família Noctuidae, nativa da América do Norte. A lagarta, ou "lagarta da espiga do milho", alimenta-se e enterra-se nas espigas de milho, o que a torna uma das pragas mais destrutivas das culturas de milho. A lagarta consome as sedas, impedindo a fertilização. Este facto teve um efeito direto no rendimento do milho em grão. Além disso, estas lagartas penetram na ponta da espiga e devoram os grãos tenros (FARE Y, 2004). Em geral, as acções do fósforo, do azoto e do potássio são complementares para a planta. O fósforo desempenha um papel importante na fertilização e na formação dos grãos, bem como no desenvolvimento das raízes (RASOAMAHARO, 2008). Ajuda a planta a resistir à seca e melhora a absorção dos nutrientes (RANDRIAMANANANDRO., 2010), enquanto o potássio conduz à formação da espiga e do grão. Quanto ao azoto, como salientam vários autores, é o elemento essencial da fertilização para obter rendimentos elevados.

2- Efeito do fator estudado nos componentes do rendimento

Relativamente ao número de grãos por espiga, dos 18 tratamentos, 11 deram um número mais elevado de grãos por espiga do que os 7 tratamentos restantes. São eles: T11, T17, T9, T3, T5, T15, T6, T12, T16, T2 e T8. O estudo da interação entre o número de grãos por espiga e o azoto, bem como entre o número de grãos por espiga, o azoto e o fósforo, teve um efeito significativo. Assim, o número de grãos por espiga variou em função da dose de azoto, por um lado, e em função da combinação de fósforo e azoto, por outro. A maior parte das parcelas com estes tratamentos recebeu azoto, que desempenha um papel fundamental no aumento do número de grãos por espiga. o número de grãos por espiga (ANDRIAMAMPANDRY, 1990). Um bom fornecimento de água e de nutrientes (azoto em particular), sobretudo no momento crítico da floração e da formação da espiga, limita o aborto das sementes e permite obter uma espiga longa e bem cheia (GROS A, 1962). T2 e T8 são tratamentos sem azoto, mas tratados com calcite contendo azoto. O número de espigas por planta foi mais ou menos o mesmo em todas as parcelas dos três blocos, embora alguns tratamentos, como o T9, tivessem mais de uma espiga por planta. Quanto ao peso de 1000 grãos, este não variou em função do fator estudado (azoto-cobertura-fósforo) ou de uma das componentes do fator estudado (azoto, fósforo, cobertura, azoto e fósforo, azoto e cobertura, fósforo e cobertura). Isto pode ser explicado pelo facto de o peso de 1000 grãos ser uma caraterística varietal fixa, pelo que não houve diferença significativa entre os pesos de 1000 grãos e os tratamentos. O azoto é o elemento que interage com estes componentes do rendimento. Tudo isto mostra que o azoto é o principal fator de rendimento em termos de fertilização. Sem azoto, o peso ou o número de componentes do rendimento do milho em grão diminuem.

3- Taxa de elevação

A taxa de emergência foi de 55% para todas as parcelas experimentais. Foram observados efeitos de tratamento, mas o fator bloco não teve influência na taxa de emergência. Houve parcelas com uma taxa de emergência elevada e parcelas com uma taxa de emergência baixa. Verificamos que a taxa de emergência das parcelas tratadas com uma dose de azoto de 120Kg por hectare foi muito baixa, variando de 35 a 50%. As parcelas tratadas com N0, ou seja, sem azoto, tiveram as taxas de emergência mais elevadas, até 80%. A dose de ureia de 120Kg/Ha é uma das causas da baixa taxa de emergência das plântulas. A ureia utilizada na experiência teve um impacto negativo na emergência das sementes. O contacto com a ureia provocou a queima das sementes. RASOAMAHARO (2008) confirma esta queimadura causada por doses elevadas de ureia na sua dissertação final. A concentração excessiva de azoto na semente pode queimá-la (GROS A, 1962). Se a ureia for aplicada localmente durante a sementeira, a dose máxima de azoto aplicada na sementeira para o milho localizado não deve exceder 15-20 kg/Ha (GROS A, 1962). Na nossa experiência, a dose máxima de azoto aplicada durante a sementeira foi de 40 kg/Ha, ultrapassando largamente a dose recomendada pela GROS A. Além disso, não houve chuva no local de estudo no dia seguinte à sementeira, no dia seguinte à sementeira e nos dois dias anteriores à sementeira, pelo que o azoto localizado deve ser evitado, especialmente em caso de seca prolongada (GROS A, 1962). A água, a luz e a temperatura são factores externos na germinação das sementes de milho (FARE.Y, 2004). O grão de milho só pode germinar se a temperatura for de pelo menos 10°C (germinação zero). A esta temperatura, a emergência demora 15 a 20 dias. A 20°C, a emergência demora apenas 8 a 10 dias para estar completa. É preferível atrasar a sementeira do que plantar a cultura em más condições (demasiado frio ou demasiado húmido), para garantir um bom arranque da cultura e um bom vigor no início (fichas técnicas AB, 2012). Esta condição de temperatura foi cumprida para a nossa experiência porque a temperatura entre a sementeira e a emergência foi de pelo menos 14,5°C (estação meteorológica de Ampandrianomby, 2014) e a emergência ocorreu cerca de D_{10} após a sementeira. No entanto, após a sementeira, o solo estava demasiado húmido devido às fortes chuvas que caíram no local de estudo. Alguns dias após a sementeira do milho, a precipitação foi muito elevada na região de Vakinankaratra. No momento da sementeira, a 30 de novembro, a precipitação foi de 0,5 mm e, alguns dias depois, a 3 e 5 de dezembro, de 16,6 mm e 28,8 mm, respetivamente, como mostra o gráfico abaixo. As parcelas dos blocos I e III foram inundadas. Cerca de 10% das sementes de milho de algumas parcelas apodreceram. Foi por isso que tivemos de eliminar o tratamento T18, porque a taxa de plantas emergidas nas parcelas tratadas com T18 nos blocos I e III variou de 20-25%.

Em termos de taxa de emergência por bloco, o bloco II teve uma taxa de emergência mais elevada do que os outros dois blocos. No entanto, a diferença de taxa de emergência entre os três blocos não se deve ao fator estudado. Durante as observações, verificámos que o bloco I e o bloco III estavam muito inundados em comparação com o bloco II, o que explica o facto de a taxa de emergência no bloco II ser superior à do bloco I e do bloco III. Esta diferença de taxa de emergência entre os blocos também se deve a uma série de factores como a estrutura do solo, a colocação das sementes ligada às operações de mobilização e sementeira (BRUNEL S, 2010 e RAJAONARIVELO S, 2012).

Figura 15: Precipitação diária no local de estudo

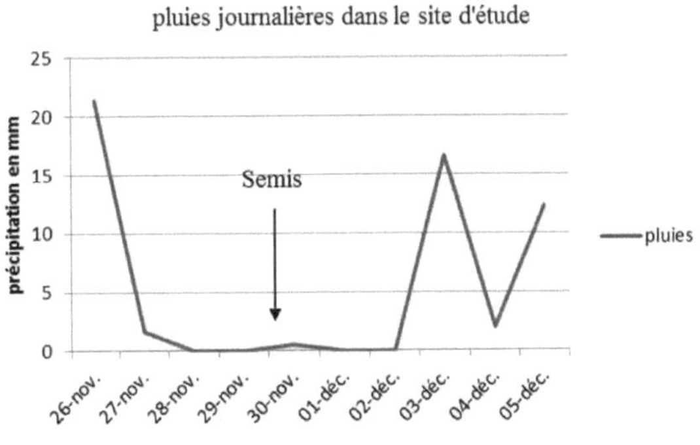

Fonte: autor

4- Floração e vingamento

O milho é uma planta monóica, com uma inflorescência masculina e inflorescências femininas separadas na mesma planta de milho. No milho, a inflorescência masculina aparece quando o macho floresce e a inflorescência feminina quando a fêmea floresce. A inflorescência masculina aparece antes da inflorescência feminina. A inflorescência masculina é uma panícula terminal composta por espiguetas, cada uma contendo 2 flores masculinas. As inflorescências femininas são em número de 1 a 4 por planta. Localizam-se nas axilas das folhas, no meio do caule. São espigas envoltas em folhas rudimentares chamadas "espatas". Cada espiga é constituída por um "rafle" no qual se inserem, em filas verticais, centenas de espiguetas com 2 flores femininas, das quais apenas uma é fértil. No momento da fecundação, os estilos florais emergem da extremidade das espigas sob a forma de cerdas verdes ou rosadas. Na experiência, a inflorescência masculina apareceu entre D_{76} e D_{86} após a sementeira, e o vingamento ocorreu por volta de D_{93} . Não houve diferença significativa entre a data de floração e a data de vingamento para cada um dos tratamentos.

5- Maturação

Durante as observações, as parcelas com os tratamentos T1, T2, T7, T8, T13 e T14 amadureceram antes das outras parcelas dos três blocos. As sedas e as panículas do milho destas parcelas secaram antes das das outras parcelas. O que caracteriza T1, T2, T7, T8, T13 e T14 é o facto de a dose de azoto utilizada ser N0, ou seja, não foi adicionado azoto. Por outro lado, as parcelas tratadas com N2, ou seja, com uma dose de azoto de 120Kg/Ha, tiveram uma maturação mais tardia do que as parcelas N1 e N0. Isto explica-se pelo facto de o azoto atrasar a senescência e a maturação das plantas (ANDRIAMAMPANDRY, 1989 e MABA, 2007).

6- Altura

6- 1 Altura para J_{30} AS:

O tratamento como um todo não teve efeito significativo na altura da planta. No entanto, o fator fósforo teve um efeito e procedemos a uma comparação par a par do efeito do fósforo na altura das plantas. Tal como o azoto, o fósforo é um fator de crescimento das plantas (GROS A, 1962 e RAKOTOARISOA, 2009). Durante a primeira fase de crescimento, a planta tem necessidades muito elevadas de fósforo, que são cobertas pelas reservas de sementes. Este é absorvido principalmente durante o período de crescimento ativo (RAKOTOARISOA, 2009). Uma vez esgotadas estas reservas, a planta jovem mostra rapidamente sinais de deficiência.

6- 2 Altura em J_{56} AS:

Embora o tratamento no seu conjunto não tenha tido um efeito significativo na altura, o azoto e o fósforo tiveram um efeito no crescimento em altura. No caso do azoto, cerca de 1 mês após a aplicação dos 2/3 de ureia, verificou-se um aumento da altura do milho IRAT 200, o que favoreceu o crescimento em altura das plantas. O crescimento corresponde à multiplicação das células a partir da primeira divisão celular e ao aumento do tamanho das células. A água, a luz, a temperatura e os elementos minerais são os factores limitantes deste crescimento, para além dos factores externos. O azoto foi um fator limitante na nossa experiência. Uma planta bem fornecida deste elemento cresce rapidamente e produz muitas folhas e caules (GROS A 1962 e FAO, 2002). No que diz respeito ao N0, um défice de azoto (segundo Morgan, 1990 e FAO, 2002) favorece o aumento do ácido abscísico na planta, sendo este ácido um inibidor geral do crescimento celular, o que afecta o crescimento em altura do milho. Como dissemos anteriormente, o fósforo, tal como o azoto, é também um fator de crescimento das plantas. A sua ação é complementar à do azoto (RAKOTOARISOA., 2009).

6- 3 Altura no fim do ciclo

Uma vez que a interação entre a altura e o tratamento não teve um efeito significativo no conjunto, procedemos a uma comparação par a par para os factores que tiveram um efeito. Para a altura final, a utilização do fósforo teve um efeito significativo. No que diz respeito aos efeitos do fósforo, a comparação par a par das alturas médias obtidas por P1 e P2 mostrou que as parcelas tratadas com P2 (calcite) tinham uma altura inferior às parcelas tratadas com TSP (P1). Esta diferença de altura explica-se pelo facto de o TSP ser um adubo fosfatado de ação rápida que actua principalmente durante a fase de crescimento da planta, ao passo que a calcite é um adubo de ação lenta. A calcite de ação lenta (PROCHIMAD) está ainda disponível para a planta para a formação e maturação das sementes. Em termos de altura e de rendimento, o crescimento em altura das plantas não teve qualquer influência no rendimento do milho em grão. Isto explica porque é que, apesar de a altura das parcelas tratadas com calcite ser baixa, o seu rendimento em grão de milho permaneceu elevado.

7- Precipitação

A relação entre a precipitação e a cultura do milho foi observada durante esta experiência. O ciclo completo do IRAT 200 durante a experiência foi de aproximadamente 123 dias. Os dados de precipitação para Antsirabe I foram recolhidos na estação meteorológica de Ampandrianomby. A fase de germinação, desde a sementeira até à emergência, durou 15 dias no nosso caso. Para germinar, o grão precisa de água. O solo deve ter adquirido uma reserva mesmo antes da sementeira; dois a três dias de chuva podem garantir uma boa emergência (FARE Y, 2004). Esta necessidade de água antes da sementeira foi satisfeita, como mostra a figura abaixo:

Figura 16: Precipitação diária em Antsirabe de 26 de novembro a 30 de novembro de 2013 Três dias antes da sementeira e na tarde da própria sementeira, estava a chover na área de estudo.

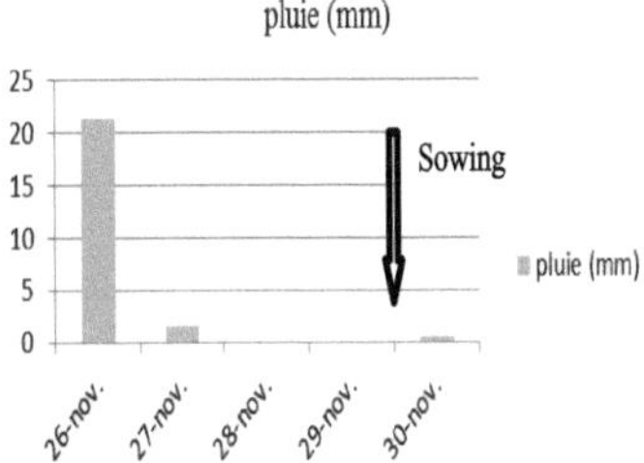

Fonte: autor

Após a fase de germinação, o milho entra na fase de crescimento. O milho cresce lentamente. Neste estudo, a fase de crescimento começou por volta de D_{15} após a sementeira e terminou por volta de D_{76} após a sementeira. Durante a fase de crescimento, que é a fase entre a emergência e o aparecimento da panícula, as necessidades hídricas do IRAT (cerca de 100 mm por mês) foram satisfeitas, como mostra a figura abaixo:

Figura 17: Precipitação mensal de 15 de dezembro de 2014 a 15 de fevereiro de 2014

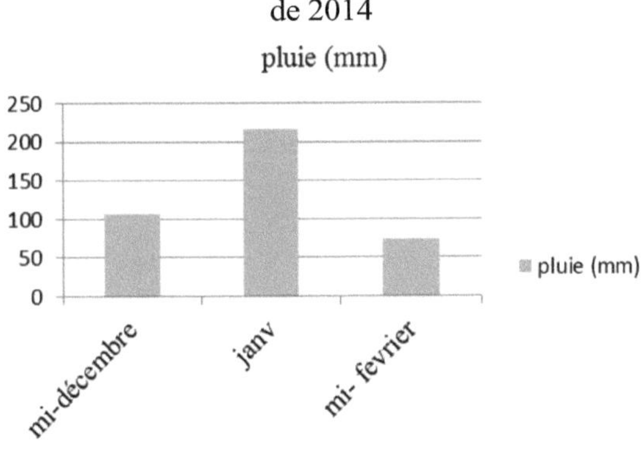

Fonte: autor

Quando o crescimento está completo, aparece a inflorescência masculina. No nosso caso, isto ocorreu por volta de D_{76} após a sementeira, a 15 de fevereiro. As necessidades de água são muito mais elevadas para a floração. O período crítico de água para a cultura do milho é de 15 dias antes do aparecimento das flores masculinas e 15 dias depois (GROS A., 1962, FARE Y., 2004). Esta necessidade de água foi satisfeita na nossa experiência, como mostra a figura abaixo:

Figura 18: Precipitação mensal durante a floração e a maturação

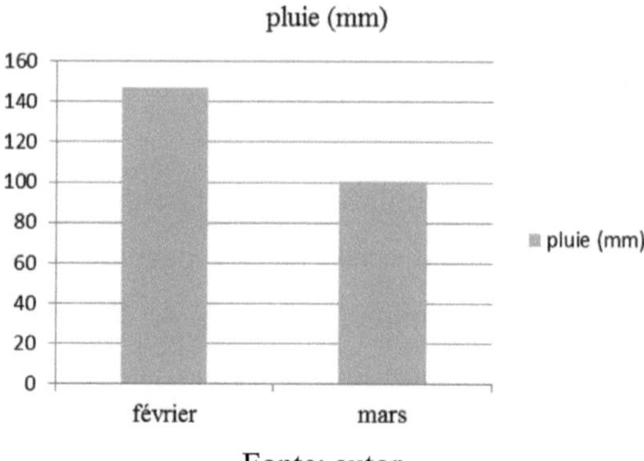

Fonte: autor

A fase de fertilização é extremamente dependente da água e dos nutrientes. Para a maturação, o tempo seco é favorável, com 39 mm de precipitação em abril.

Figura 19: Precipitação mensal durante a fertilização e a maturação

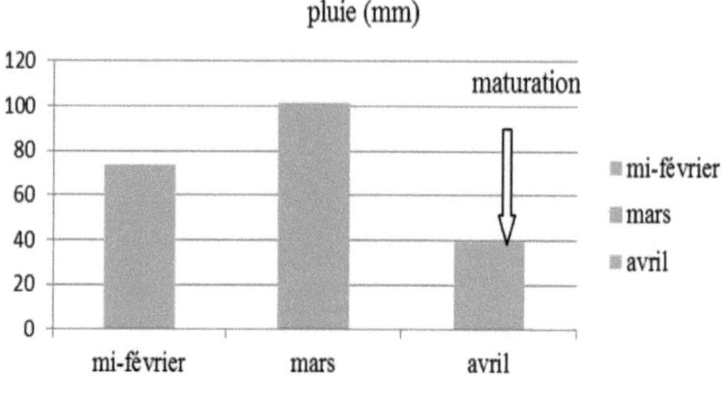

Fonte: autor

As necessidades hídricas do milho durante a nossa experiência foram satisfeitas. Como já foi referido, as necessidades hídricas críticas do milho situam-se 15 dias antes e 15 dias depois do aparecimento das inflorescências. A falta de água durante esta fase pode provocar a secagem da panícula e das sedas, o que leva a uma fertilização deficiente, reduzindo o número de grãos e diminuindo o rendimento (MUHAMMAD B, 2001 e FARE Y, 2004). A água não foi, portanto, um fator limitante do rendimento, embora tenha tido um impacto negativo ao inundar algumas parcelas.

IV- RECOMENDAÇÕES

São propostas recomendações para melhorar a investigação, garantir a fiabilidade dos resultados e assegurar a utilização generalizada de tratamentos eficazes durante esta experiência.

Para confirmar os resultados obtidos e a eficácia dos tratamentos, a experiência deve ser repetida no tempo e no espaço. Recomenda-se a utilização de parcelas de controlo (prática idêntica à utilizada pelos agricultores) para comparar os resultados obtidos com os tratamentos e os obtidos com os controlos. Para obter uma taxa de emergência elevada, é aconselhável localizar o azoto, mas em pequenas quantidades.

Isto significa que é muito útil repartir o azoto duas ou três vezes ao longo do ciclo da cultura. A primeira aplicação aquando da sementeira, a segunda 45 dias após a sementeira e a terceira por volta da segunda metade do período de floração masculina (MAEP, ficha técnica do milho).

Para tirar o máximo partido do fertilizante azotado e obter rendimentos mais elevados, o azoto deve ser aplicado quando a planta mais precisa dele. Com efeito, o adubo azotado é um adubo de precisão que funcionará melhor se estiver disponível para a planta no momento em que esta mais necessita. Daí a utilidade de aplicar o azoto no momento do aparecimento das flores masculinas, dado que uma grande parte das necessidades de azoto do milho é satisfeita 15 dias antes e depois do aparecimento das inflorescências masculinas.

A escolha da data correcta de sementeira é crucial para o bom arranque das plântulas e para o sucesso da experiência. A utilização do fosfato hiperfosfatado moído (calcite), um fósforo natural, revela-se útil e é especialmente recomendada para as culturas perenes e para a agricultura biológica, cujo objetivo é dispor de uma produção suficiente e de qualidade nutritiva, bem como manter e melhorar a fertilidade do solo a longo prazo.

Com efeito, a composição da calcite é muito interessante para os objectivos da agricultura biológica. Mesmo quando não combinada com azoto e coberturas, a calcite dá um rendimento elevado de milho em grão, é muito eficaz. Por último, como é necessário encontrar a fertilização correcta para obter rendimentos elevados, mesmo que os rendimentos já sejam elevados com os fertilizantes utilizados, a utilização de estrume orgânico seria ideal.

CONCLUSÃO

O milho é uma cultura muito importante, tanto a nível mundial como em Madagáscar, e é objeto de numerosas investigações e experiências. A AGRIVET efectuou um estudo sobre a fertilização do milho IRAT 200 na região de Vakinankaratra, uma das zonas produtoras de milho. Foram testados 18 tratamentos com diferentes combinações e doses de fertilizantes fosfatados e azotados com cobertura vegetal. A interação entre os 18 tratamentos e o rendimento do grão de milho teve um efeito significativo. Durante a experimentação, os melhores rendimentos foram obtidos nos tratamentos com TSP. Entre os 18 tratamentos, encontrámos um grupo com os rendimentos mais elevados entre 4T e 5T/Ha em comparação com os outros tratamentos. Este grupo é constituído pelos tratamentos T9 (C1 + N1 + P1), T11 (C1 + N2 + P1) e T17 (C2 + N2 + P1). Entre as diferentes combinações e doses de fertilizante com cobertura, o tratamento T9 é o que apresenta o rendimento mais elevado. O TSP é, por conseguinte, um adubo fosfatado muito útil para produções elevadas. Os resultados desta experiência mostram que uma dose crescente de azoto aumenta o rendimento do milho, especialmente se for aplicada nas proporções certas. É claro que, para garantir a fiabilidade dos resultados, são úteis repetições no ano seguinte, bem como a utilização de uma parcela de controlo gerida à maneira dos agricultores. Assim, a questão que se coloca é a seguinte: "O tratamento TSP com azoto, que deu um rendimento elevado nesta experiência, é interessante do ponto de vista agronómico e economicamente rentável em comparação com a parcela de controlo?

BIBLIOGRAFIA

ANDRIAMAMPANDRY Dieu Donné. 1990. O fator fertilização no desenvolvimento da cultura do milho na região de Itasy. Dissertação para a obtenção do diploma de engenheiro agrónomo, ESSA, Departamento de Agricultura. 68p.

BADJECK B e NDIAYE Cheikh Ibrahima (FAO) e Francesco SLAVIERO (PAM), 9 de outubro de 2013. Missão de avaliação da segurança alimentar da FAO/PAM em Madagáscar.

BAMBARA F., Juin 2012, Optimisation de la fertilisation azotée du maize en culture pluviale dans l'ouest du BURKINA FASO.60p.

BRUNEL S., 2010. Caracterização ecofisiológica de diferentes genótipos de Medicago Truncatula durante as fases de germinação e crescimento heterotrófico. Tese de Doutoramento em Ciências Agronómicas. 105p.

CANTIN Jean. , 2003. Efeitos da aplicação de adubos minerais fosfatados em arranques de milho para grão em complemento do fósforo proveniente de estrume de curral em função da saturação de fósforo do solo.

CÂMARA DA AGRICULTURA da Nova Caledónia, 2000. Fiches techniques des engrais de la chambre d'agriculture. 23p.

CIRAD-GRET, 2006. Mémento de l'agronome. Ed. Du GRET, ed. Du CIRAD; Ministério dos Negócios Estrangeiros francês.

DRILLAUD Céline, 2013. Desempenho dos fertilizantes azotados no trigo e no milho. 46p.

Entreprise DUPONT, junho de 2011 Deficiências de nutrientes no milho e na soja volume 21 número 2. 4p.

FAO, 2002. Maize in the tropics: improvement and production. 382p.

FARE Y., 2004. Experimentation agronomiques et compréhension des systèmes de production paysanne en vue du développement de la culture de maïs dans la région d'Ambohidratrimo. Dissertação para a obtenção do diploma de engenheiro agrónomo, ESSA, Departamento de Agricultura. 92p.

GROS A.1962. Engrais : guide pratique de la fertilisation, 441p

INRA (Instituto Nacional Francês de Investigação Agrária), 2011. Ficha técnica: milho associado a leguminosas.10p.

LES FICHES TECHNIQUES AB - v. 2012 Groupe technique AB Franche Comté le maïs

LIMAGRAIN, 2010. O milho e a água. 6p.

MABA B., 2007. Identificação dos principais nutrientes limitantes e estratégias de fertilização adequadas na cultura do milho no Ogou Oriental da região dos planaltos. Universidade de Lomé - TOGO

MAEP UPDR - OCEAN CONSULTANT, 2004. Filière maïs fiche n°108. 10p.

MINAGRI et al. 2010. Catalogue national des espèces et variétés cultivées à Madagascar. Primeira edição. 117p.

MUHAMMAD B., 2001.Effect of water stress on growth and yield components of maize variety YHS202.University College of Agriculture. Universidade de Agricultura do Paquistão.

NDIAYE e SIDIBE, 1992. Recherche de formules d'engrais N-P-K économiquement profitables pour la culture du maïs pluvial au Sénégal. 29p

NOURA Ziadi, 2007. Utilização de gravuras mineirais azotadas em grandes culturas: descrição das diferentes formas e seus impactos no agro-ambiente. 29p.

PROCHIMAD. Ficha de dados técnicos sobre o fosfato de hiperfos moído, produto biológico. 2p.

RAJAONARIVELO Sarah Y., 2012. Ensaios de desempenho de variedades híbridas de milho PANNAR nas regiões de Vakinankaratra e Bongolava. Dissertação para obtenção do diploma de engenheiro agrónomo, ESSA, Departamento de Agricultura. 44p.

RAKOTOARISOA Tiaray H., 2009. Análise dos componentes de rendimento das variedades de arroz pluvial NERICA sob diversas fontes de engrais fosfatados. Dissertação para obtenção do diploma de engenheiro agrónomo, ESSA, Departamento de Agricultura. 88p.

RANDRIAMANANANDRO A., 26 de janeiro de 2010. Efeitos do PTS e do estrume bovino no arroz de sequeiro numa sucessão arroz-arroz. Caso de um ferralsol em Laniera. Dissertação final para obtenção do diploma de engenheiro agrónomo, ESSA, Departamento de Agricultura. 33p.

RASOAMAHARO lova. ,2008. Efeito do guano e do TSP na cultura do milho: caso de um ferralsol em Lazaina Antananarivo. Dissertação para a obtenção do diploma de engenheiro agrónomo, ESSA, Departamento de Agricultura. 54p.

SERVICE DE LA STATISTIQUE AGRICOLE (INSTAT), 2012. Produção nacional de milho.

THIBAUDEAU S., Mai 2006, Agriculture, pêcheries et alimentation au Québec. Fertilisation azotée dans le maïs grain. 8p.

UNIDADE DE POLÍTICA DE DESENVOLVIMENTO RURAL (UPDR), monografia sobre a região de Vakinankaratra, junho de 2003

ZAFINDRABENJA A., 2012. Experimentação agronómica sobre a fertilização da cultura da cebola "allium cepa" com guanobarren, Cas d'Anevoka. Dissertação para a obtenção do diploma de engenheiro agrónomo, ESSA, Departamento de Agricultura. 29p.

WEBOGRAFIA

Agpm.com, 2012

CIC. Com, 2014

APÊNDICES

Apêndice I: Milho Milho: Zea mays

1- Classificação do milho de acordo com Cronquist (1981)

Reino Plantae

Sub-região Tracheobionta

Divisão Magnoliophyta

Classe Liliopsida

Subclasse Commelinidae

Ordem Cyperales

Família Poaceae

Subfamília Panicoideae

Tribo Maydeae

Género Zea

Espécie Zea mays

Nome malgaxe: Katsaka

2- Objectivos da cultura (Memento., 2006)

O milho em grão é utilizado: para consumo humano: verde (cozido, grelhado, em saladas, sopas, etc.), seco, como pipocas, para alimentação animal: utilizado como grão e ração, ou a planta inteira, colhida quando a espiga está pastosa, é utilizada como forragem fresca ou silagem.

3- Descrição (FARE Y 2004, MAEP 2004)

As raízes :

São do tipo fasciculado. São superficiais, pois não ultrapassam os 50 cm de profundidade.

profundidade. As raízes adventícias aéreas formam-se nos nós da base dos caules.

Os Tigres :

Existe, portanto, um único caule redondo, mais ou menos estriado, constituído por nós e entrenós. Os entrenós da base são mais curtos. O caule é preenchido por uma medula doce. Tem 1,5 a 3,5 m de altura e 5 a 6 cm de diâmetro.

As folhas

Estão ligadas ao caule pelos nós. São constituídas por uma bainha e uma lâmina foliar. Não existem aurículas. Inflorescências Uma inflorescência masculina e inflorescências femininas separadas encontram-se na mesma planta. A inflorescência masculina é uma panícula terminal constituída por espiguetas contendo cada uma 2 flores masculinas. Há 1 a 4 flores femininas por planta. Encontram-se nas axilas das folhas, no meio do caule. São espiguetas envoltas em folhas rudimentares chamadas "espatas". Cada espiga é constituída por um "rafle" no qual se inserem, em filas verticais, centenas de espiguetas com 2 flores femininas, das quais apenas uma é fértil. No momento da fecundação, os estilos das flores emergem na extremidade das espigas sob a forma de cerdas verdes ou rosadas.

Flores:

As flores masculinas são constituídas por glumas e glumelas que envolvem 3 estames. As flores femininas têm cada uma um ovário encimado por um estilete muito longo. As flores masculinas desabrocham antes das flores femininas. A fecundação efectua-se, portanto, por polinização cruzada.

O fruto

Trata-se de uma cariopse. Cada grão está disposto em filas verticais (8 a 20 consoante a variedade) ao longo do pedúnculo da espiga. A forma dos grãos (globular, ovoide, prismática, etc.), a sua cor (branca, amarela avermelhada, dourada, roxa, preta), o seu tamanho e o seu tipo (liso ou enrugado) variam muito de uma variedade para outra. Os grãos bons para a escolha das sementes encontram-se no meio da espiga, com os pequenos nas extremidades. Cada grão é composto por uma casca, um albúmen, um cotilédone e um embrião. Existem 500 a 1000 grãos por espiga. Uma espiga pesa em média 150g.

4- Fisiologia (FARE Y., 2004)

De acordo com os estádios fenológicos do milho, temos :

- a fase de germinação

Esta fase é marcada pelo inchaço do grão sob a influência da humidade. Após 2 a 3 dias da sementeira, aparece a radícula.

O caule aparece no terceiro ou quarto dia após a sementeira. Isto significa que o milho emerge 8 a 10 dias após a sementeira.

- a fase de crescimento

Esta fase é muito lenta, desde a emergência até ao aparecimento das inflorescências masculinas. Esta fase tem uma duração variável, em função da variedade, da temperatura e da humidade do solo. O milho atinge uma altura de 10 a 15 cm após 4 a 5 semanas da sementeira; 2 meses após a sementeira, atinge uma altura de cerca de 50 a 60 cm.

- a fase de floração

Logo que o crescimento esteja completo, aparece a inflorescência masculina. Isto acontece cerca de 70 a 90 dias após a sementeira. 5 a 8 dias após o aparecimento das inflorescências masculinas, as inflorescências femininas estão prontas para a fecundação.

- a fase de fertilização

Após 5 a 10 dias do aparecimento da inflorescência feminina, o milho entra na fase de fecundação.

- a fase de maturação

Durante esta fase, uma vez formados, os grãos passam por três etapas sucessivas: a etapa leitosa, a etapa pastosa e a etapa vítrea.

5- Ecologia (Mémento., 2006)

Necessidades térmicas Para germinar, o milho necessita de, pelo menos, 10°C. Durante o seu crescimento, o milho necessita de uma temperatura óptima de 19°C.

Necessidades de água

Estima-se que são necessários, em média, 100 mm de água por mês durante toda a estação de crescimento, uma vez que o milho é uma planta que exige muita água, especialmente durante as fases de germinação, crescimento, floração, fertilização e aumento de grãos. Mas o período mais crítico em termos de água são os 15 dias antes e os 15 dias depois do aparecimento das inflorescências masculinas.

Requisitos de iluminação

O milho precisa de muito sol

Requisitos de altitude

O milho cresce tanto junto ao mar como nos planaltos quando as condições ecológicas acima referidas são satisfatórias. No entanto, não pode crescer acima dos 1800 m de altitude.

Requisitos do solo

O milho é uma planta exigente, pelo que os melhores solos são : Profundos, soltos, frescos, bastante leves, férteis, com húmus para evitar o risco de compactação e de encharcamento permanente que asfixia as raízes. Especialmente os solos aluviais de baiboho ou de vulcanismo recente, que contêm elementos minerais e matéria orgânica.

- declives < 12% para evitar o risco de erosão

- solos não demasiado ácidos, pH< 5

Apêndice II: Teste de correlação e ANOVA

Taxa de elevação

Análise de variância

Fonte DDL

Modelo	18	11270,967	626,165	7,169		< 0,0001
Erro	29	2532,823	87,339			
Total corrigido	47	13803,790				
Fonte			autor			
Análise de tipo I Soma de quadrados :						
Soma dos quadrados DDL de origem			Quadrado médio	F		Pr > F
Tratamento 16 11217,802			701,113		8,028	< 0,0001
Bloco2 53,165			26,583		0,304	0,740

Soma de quadrados

Média

Quadrados F Pr > F

Fonte: autor

Height and yield

Type I Sum of Squares analysis: height - yield

Source	DDL	Sum of squares	Average of squares	F	Pr > F
height 3	1	1,450	1,450	2,566	0,130

Source: author

Height 1 and treatment

Phosphorus / Fisher (LSD) / Analysis of differences between modalities with a 95% confidence interval :

Contrast	Difference	Standardised difference	Critical value	Pr > Diff	Significant
P1 vs P2	5,562	2,777	2,045	0,010	Yes

Source: author

Altura 2 e tratamento

Nitrogénio / Fisher (LSD) / Análise das diferenças entre modalidades com um intervalo de confiança de 95%

ModalidadeMédia estimada Grupos

N2	106,485	A	
N1	94,083		B
N0	90,444		B
		Fonte: autor	

Altura 3 e tratamento

Fósforo / Fisher (LSD) / Análise das diferenças entre modalidades com um intervalo de confiança de 95% :

Contraste	Diferença	Diferença normalizada	Valor crítico	Pr > Diff	Significativo
P1 vs P2	13,359	3,384	2,045	0,002	Sim

Fonte: autor

Componentes de tratamento e desempenho

- Número de grãos por espiga

Análise de variância: número de grãos por espiga e tratamento

Fonte	DDL	Soma de quadrados	Quadrado médio	F	Pr > F
Modelo	18	237113,670	13172,982	4,715	0,000
Erro	29	81014,131	2793,591		
Total corrigido	47	318127,801			

Fonte: autor

Análise do tipo de ISS: número de grãos por espiga e tratamento

Fonte	DDL	Soma de praças	Média praças	F	Pr > F
Capa	2	4302,076	2151,038	0,770	0,472
Nitrogénio	2	105634,367	52817,184	18,907	< 0,0001
Fósforo	1	873,895	873,895	0,313	0,580
Bloco	2	19805,221	9902,611	3,545	0,042
manta*nitrogénio	4	5873,298	1468,324	0,526	0,718
cobertura*fósforo	2	11959,091	5979,545	2,140	0,136
azoto*fósforo	2	23172,357	11586,179	4,147	0,026
cobertura*nitrogénio*fósforo	3	65493,364	21831,121	7,815	0,001

Fonte: autor

Número de espigas por planta :

Análise de variância :

Fonte	DDL	Soma de quadrados	Quadrados médios	F	Pr > F
Modelo	18	0,323	0,018	0,945	0,539
Erro	29	0,551	0,019		
Total corrigido	47	0,874			

Fonte: autor

Análise de tipo I Soma de quadrados :

Fonte	DDL	Soma de praças	Média de praças	F	Pr > F
Capa	2	0,025	0,012	0,655	0,527
Nitrogénio	2	0,007	0,004	0,188	0,829
Fósforo	1	0,003	0,003	0,166	0,687
Bloco	2	0,061	0,031	1,608	0,218
manta*nitrogénio	4	0,082	0,020	1,078	0,385
cobertura*fósforo	2	0,019	0,010	0,506	0,608
azoto*fósforo	2	0,010	0,005	0,257	0,775
cobertura*nitrogénio*fósforo	3	0,116	0,039	2,034	0,131

Fonte: autor

Peso de 1000 grãos

Análise de variância :

Fonte	DDL	Soma de quadrados	de Quadrados médios	de F Pr > F	
Modelo	18	135,702	7,539	0,933	0,550
Erro	29	234,215	8,076		
Total corrigido	47	369,917			
			Fonte: autor		

Análise de tipo I Soma de quadrados :

Fonte	DDL	Soma de quadrados	de	Quadrados médios	de	F	Pr > F
Capa	2	1,144		0,572		0,071	0,932
Nitrogénio	2	4,140		2,070		0,256	0,776
Fósforo	1	0,720		0,720		0,089	0,767
Bloco	2	41,743		20,871		2,584	0,093
manta*nitrogénio	4	26,255		6,564		0,813	0,527
cobertura*fósforo	2	43,725		21,863		2,707	0,084
azoto*fósforo	2	3,929		1,964		0,243	0,786
cobertura*nitrogénio*fósforo							
e	3	14,046		4,682		0,580	0,633

Fonte: autor.

Desempenho e tratamento

Análise de variância do desempenho e do tratamento

Fonte	DDL	Soma de praças	Média praças	F	Pr > F
Modelo	18	31,275	1,737	2,306	0,022
Erro	29	21,851	0,753		
Total corrigido	47	53,125			

Fonte: autor

Análise de tipo I Soma de quadrados :

Capa	2	0,481	0,240	0,319	0,729
Nitrogénio	2	7,340	3,670	4,871	0,015
Fósforo	1	0,006	0,006	0,008	0,929
Bloco	2	3,241	1,621	2,151	0,135
manta*nitrogénio	4	3,848	0,962	1,277	0,302

Fonte DDL

Soma de quadrados

Média

Quadrados F Pr > F

cobertura*fósforo	2	3,548	1,774	2,355	0,113
azoto*fósforo	2	3,705	1,852	2,459	0,103
cobertura*nitrogénio*fósforo	3	9,104	3,035	4,028	0,016

Fonte: autor

Apêndice III: A composição química da calcite HYPERPHOS BROYE H-B contém

P O_{25} *> 20 % CaO = 40 %*

N total > 0,02% K O_2 *= 0,3%* SiO_2 *= 0,5% MgO = 0,3 %*

Húmus > 1,0

Rico em microelementos como o ferro, o boro, o cobre, o molibdénio, o zinco, etc.

Anexo IV: Composição do PAT

Fórmula química: $Ca(H_2 PO_4)2H_2 0$. O TSP contém aproximadamente 48,7% de $P 0_{25}$

Nom anglais Autre nom français	Triple Superphosphate (TSP) Phosphate monocalcique (composant essentiel)			
Provenance	Sico (Belgique) et Bush Int. (NZ).			
Formule chimique	$Ca(H_2PO_4)_2$, H_2O			
Analyse	N	P_2O_5 (P)	K_2O	CaO
	0	**46 %** (20 %) (91% soluble dans l' eau)	0	15 %
	Autres : S : 1,3 %			
Solubilité	Assez soluble dans l' eau (18 g/L).			
Humidité	6,20 % max.			
Granulométrie	< 2 mm : 1 % 2-4 mm : 85 % > 4 mm : 14 %			
Densité	0,85-0,95 t/m³			
Hygroscopicité	Très faible (au delà de 95 % d' humidité relative à 30 °C).			
Stockage / précautions	Garder le sac fermé avant utilisation. Stocker en dehors de l' action directe du soleil. Se laver les mains après utilisation.			
Compatibilité	Mélange toujours possible : - ammonitrate, nitrate de potassium, sulfate de potassium, 0-32-16, 13-13-21, 16-4-8, fumier, engrais organiques. Mélange possible au moment de l' emploi : - urée, MKP, 17-17-17, gypse. Ne jamais mélanger avant emploi : - nitrate de calcium, hyperphosphate, chaux.			
Effet sur le pH	Peu d' effet sur le pH du sol.			

Apêndice V: Ureia (Câmara de Agricultura da Nova Caledónia, 2000)

A ureia é um composto do grupo das amidas e é um adubo de amónio com cerca de 46% de azoto.

Nom anglais **Autre nom français**	**Urea** Perlurée (granulométrie surtout de 1-2 mm), Carbamide , Diamide carbonique			N° CAS : 57-13-6
Provenance	Petrochem Ltd. (NZ), ou Sico (Belgique).			
Formule chimique	$H_2N—CO—NH_2$			
Analyse	**N**	**P_2O_5**	**K_2O**	
	46 %	**0**	**0**	
	Autres : -			
Granulométrie	< 1 mm : 3,5 %	1-2 mm : 23,0 %	2-4 mm : 73,0 %	> 4 mm : 0,5 %
Solubilité	Très soluble dans l' eau (1033 g/L).			
Humidité	0,50 % max.			
Densité	0,7-0,8 t/m^3			
Hygroscopicité	Assez forte (dès 72 % d' humidité relative à 30 °C).			
Manipulation / stockage / précautions	Garder le sac fermé avant utilisation. Garder au sec. Stocker en dehors de l' action directe du soleil. Se laver les mains après utilisation.			
Compatibilité	Mélange toujours possible : - nitrate de potassium, sulfate de potassium, fumier, engrais organique. Mélange possible au moment de l' emploi : - superphosphate, 0-32-16, MKP, 17-17-17, 13-13-21, 16-4-8. Ne jamais mélanger avant emploi : - ammonitrate*, nitrate de calcium*, hyperphosphate, gypse, chaux. (*Mélange possible en solution : pulvérisations foliaires et irrigations fertilisantes)			
Effet sur le pH	Tendance à baisser le pH du sol (acidification).			

Apêndice VI: Rendimento do milho em grão (T/Ha) dos tratamentos

tratamento/bloqueio	bloco I	bloco II	bloco III
T1	1,80225	3,3665625	3,30075
T2	4,363875	3,1640625	4,647375
T3	2,592	3,7918125	5,153625
T4	3,17925	4,9359375	4,0651875
T5	2,8299375	4,5106875	3,6703125
T6	5,427	4,222125	4,8245625
T7	1,407375	2,541375	2,0908125
T8	4,060125	5,4320625	3,09825
T9	5,2903125	3,7614375	5,93325
T10	3,2754375	3,483	4,8751875
T11	4,96125	3,736125	4,343625
T12	2,754	3,20203125	3,6500625
T13	3,8323125	3,715875	4,039875
T14	1,144125	3,2805	2,69325
T15	3,54375	2,9413125	4,2778125
T16	3,5386875	3,66525	3,331125
T17	5,02453125	5,0979375	4,951125

Fonte: autor

Anexo VII: Produção alimentar em toneladas em Madagáscar (FAO, 2013)

Cultures	Années		
	2012/13 (1)	2011/12 (2)	Ecart (1)/(2) en pour cent
Riz (paddy)	3 610 626	4 550 649	- 21
Maïs	380 848	447 948	- 15
Manioc	3 114 578	3 621 309	- 14

Source: Enquête CFSAM 2013 et StatAgri (MinAgri)

ÍNDICE DE CONTEÚDOS

RESUMO 3

INTRODUÇÃO 4

I-MATERIAIS E MÉTODOS 7

II-RESULTADOS 19

III-DISCUSSÕES 30

IV-RECOMENDAÇÕES 44

CONCLUSÃO 46

BIBLIOGRAFIA 47

APÊNDICES 51

Printed by Books on Demand GmbH, Norderstedt / Germany